GONGDIAN KEKAOXING GUANLI
CHANGJIAN WENTI JIEDA

供电可靠性管理
常见问题解答

《供电可靠性管理常见问题解答》编委会　组编

中国电力出版社
CHINA ELECTRIC POWER PRESS

内 容 提 要

为进一步提升供电企业供电可靠性管理水平，中国电力企业联合会可靠性管理中心联合国网山东省电力公司编制本书，主要内容包括政策法规、规程概念、基础数据、运行数据、数据分析以及管理提升 6 个章节。

本书可供从事供电可靠性数据收集、整理、维护的基层工作人员和各级供电可靠性管理人员学习使用，也可供电力行业人员进行技能学习、继续教育时参考使用。

图书在版编目（CIP）数据

供电可靠性管理常见问题解答 /《供电可靠性管理常见问题解答》编委会组编 .
北京：中国电力出版社，2024. 8. -- ISBN 978-7-5198-9083-4

Ⅰ. TM72-44

中国国家版本馆 CIP 数据核字第 2024QE2982 号

出版发行：中国电力出版社
地　　址：北京市东城区北京站西街19号（邮政编码100005）
网　　址：http://www.cepp.sgcc.com.cn
责任编辑：肖　敏（010-63412363）
责任校对：黄　蓓　王海南
装帧设计：郝晓燕
责任印制：石　雷

印　　刷：三河市万龙印装有限公司
版　　次：2024年8月第一版
印　　次：2024年8月北京第一次印刷
开　　本：710毫米×1000毫米　16开本
印　　张：7.25
字　　数：63千字
印　　数：0001-3500册
定　　价：65.00元

《供电可靠性管理常见问题解答》

编委会

前　言

　　供电可靠性代表电网向用户持续供电的能力，是供电企业综合服务水平的重要体现。近年来，电力供应与经济社会发展、营商环境优化、群众生产生活的关系更加紧密，保障电力可靠供应不仅是供电企业的经济责任，更是关系国家能源安全和民生福祉的政治责任和社会责任，供电可靠性管理的重要性和作用日益凸显。

　　中国式现代化对供电可靠性管理提出了更新、更高的要求。近年来，国家先后印发了《电力可靠性管理办法（暂行）》《关于加强电力可靠性管理工作的意见》《关于加强电力可靠性数据治理　深化可靠性数据应用发展的通知》等管理文件，把可靠性管理工作从传统的专业管理，提升到了牵引整个能源转型、能源革命的主线，提升到了"四个革命、一个合作"的高度，以期更好服务新时代经济社会发展。

　　为进一步提升供电企业供电可靠性管理水平以及相关可靠性管理从业人员的业务水平，推动可靠性管理各项任务贯彻落实，中国电力企业联合会可靠性管理中心联合国网山东省电力公司编写了《供电可靠性管理常见问题解答》，主要内容包括政策法规、规程概念、基础数据、运行数据、数据分析以及管理提升6个章节。本书在编写方向上，突出供电可靠性管理从业人员的岗位能力要求；在内容上，侧重可读性和实用性，系统解答了供电可靠性管理日常工作中遇到的常见问题。本书在编审过程中得到了业内有关专家的大力支持，在此一并表示由衷感谢。

本书虽然经过相关专家评审，但由于编写时间紧张，加之编者水平有限，疏漏和不足之处在所难免，恳请专家和读者批评指正。

编者

2024年6月

目 录

前言

第一章 政 策 法 规

1　什么是供电可靠性？什么是供电可靠性管理？　/002

2　我国供电可靠性管理的指导性文件有哪些？　/002

3　供电可靠性的统计对象是什么？　/003

4　如何理解供电可靠性的统计范围？　/003

5　电力企业应当按照哪些要求开展本企业电力可靠性管理工作？　/003

6　供电企业在供电可靠性管理中的责任有哪些？　/004

7　供电企业在用户可靠性管理中的责任有哪些？　/005

8　电力企业应当向国家能源局报送哪些可靠性信息？　/005

9　电力可靠性信息报送应当符合哪些期限要求？　/006

10　电力企业应在何时完成哪些类数据或文件的报送？　/006

11　电力企业有哪些情形的，将由国家能源局及其派出机构根据
　　《电力监管条例》第三十四条的规定予以处罚？　/007

12　供电企业基层可靠性管理专责日常收集的信息包括哪些？　/008

13　供电可靠性数据管理"三性"要求具体指什么？　/008

14　供电可靠性监督管理主要包括哪几方面？　/009

15　国家能源局对电力可靠性管理规章制度落实情况进行监督检查，
　　可以采取什么措施？　/009

16　供电可靠性企业内部监督有哪些方式？分别包含哪些内容？　/010

17　供电可靠性检查的工作方式有哪些？　/011

18　简述供电可靠性目标管理的作用是什么。　/012

第二章　规程概念

19　什么是停电时户数？　/014

20　什么是停电？　/014

21　什么是故障停电？　/014

22　什么是预安排停电？　/015

23　供电系统设施的状态如何定义？　/015

24　什么是强迫停运状态？　/015

25　什么是预安排停运状态？　/016

26　低、中、高压用户供电系统及其设施是如何划分的？　/016

27　预安排停电按停电性质可分为几种情况？每种情况是如何定义的？　/017

28　故障停电按停电性质可分为几种情况？分别是如何定义的？　/018

29　计划停电按停电性质可分为几种情况？分别是如何定义的？　/018

30　临时停电按停电性质可分为几种情况？分别是如何定义的？　/019

31　10（6、20）千伏配电网设施、10（6、20）千伏馈线系统及
　　10（6、20）千伏母线系统的区别是什么？　/020

32　供电系统用户供电可靠性统计主要指标有哪些？　/020

33　适用于用户供电可靠性评价的常用指标有哪些？　/021

34　什么是用户统计单位？　/021

35 专用用户数量统计原则是什么？ /022

36 外部影响停电是指用户停电责任原因分类中哪些原因造成的停电？ /022

37 什么是持续停电和短时停电？ /023

38 用户设备和用户设施有何区别？ /023

39 什么是重大停电事件？ /023

40 什么是重大事件日？界限值如何计算？ /024

41 在指标计算中，总用户数如何统计？ /025

42 用户报停后数据如何计算？ /025

43 光伏接入的中压配电变压器如何区分专/公变性质？ /025

44 降低用户供电容量情况下停电用户和停电时间如何统计？ /026

45 根据《供电系统供电可靠性评价规程实施细则》，供电可靠性数据
上报的内容包括哪些？ /026

46 供电可靠性统计中，用户地区特征指什么？ /027

47 跨越不同地区的线段如何判定地区特征？ /027

48 用户何时纳入可靠性管理统计？ /028

49 预安排停电起始、终止时间以什么时间为准？ /028

50 故障停电起始、终止时间以什么时间为准？ /028

51 供电可靠性指标预测主要包括哪些内容？ /029

52 基础数据指标如何进行预测？ /029

53 预安排停电指标如何进行预测？ /030

54 故障停电指标如何进行预测？ /030

55 哪些停电状态可不纳入供电可靠性统计范围？ /031

第三章 基础数据

56 供电可靠性基础数据中用户有哪几个分类？ /034

57 供电可靠性基础数据记录时，引入了四种时间点（投运日期、注册日期、注销日期和退役日期），请简述它们是如何定义的。 /034

58 基础数据的投运日期和注册日期的区别是什么？ /035

59 基础数据的注销日期和退役日期的区别是什么？ /035

60 什么是载容比？为什么要在可靠性系统用户基础数据属性中引入载容比？ /036

61 供电可靠性基础数据管理中，中压线路分段原则是什么？ /036

62 在中压系统基础数据管理中，中压注册线段的编码规则是什么？ /037

63 在中压系统基础数据管理中，中压注册用户的编码规则是什么？ /038

64 中压用户基础数据维护包括哪些内容？ /039

65 高压用户基础数据的维护内容有哪些？ /039

66 对于双电源用户，在中压用户基础数据注册时需填写双电源容量，请问双电源容量如何确定？ /040

67 在中压用户基础数据维护时，应如何维护新增线路？ /040

68 在中压用户基础数据维护时，应如何维护发生变更的线路？ /041

69 什么是供电可靠性基础数据变更？ /041

70 什么是供电可靠性基础数据修改？ /042

71 什么是供电可靠性基础数据退役？ /042

72 什么是供电可靠性基础数据删除？ /043

73 供电可靠性基础数据维护时，注册线段和注册用户有什么关联关系？ /043

74 某家属院小区进行"三供一业"改造，于 2023 年 6 月 15 日对一户一表改造验收通过，中低压用户注册日期如何选取？ /044

75 开关站出线如何在系统内注册台账？　/044

76 双电源用户如何在信息系统中维护基础台账？　/044

77 光伏接入的用户如何维护基础台账？　/045

78 专用线路和用户专变如何维护基础台账？　/045

79 小区供电变压器如何维护基础台账？　/046

80 基础数据检查的主要内容是什么？　/046

81 基础数据质量核查应遵循什么原则？　/047

82 基础数据检查的主要方法有哪些？　/047

第四章　运行数据

83 运行数据收集的主要来源有哪些？　/050

84 在系统内，运行数据需要哪些信息？　/050

85 在供电可靠性运行数据中，停电设备可分为哪几种？　/051

86 在供电可靠性运行数据维护过程中，选取停电设备时应注意哪些？　/051

87 在运行数据维护时，停电责任原因是如何定义与分类的？　/052

88 运行数据维护时应注意哪些问题？　/053

89 供电可靠性运行数据维护时，停电技术原因是如何判断的？　/053

90 在进行停电事件录入时，分步送电的情况下如何录入停电事件？　/054

91 在进行停电事件录入时，存在陪停线路时如何录入停电事件？　/054

92 运行数据选取责任原因时的总原则是什么？　/055

93 由用户申请开展的增容施工，该停电责任原因如何判断？　/055

94 公用配电变压器缺相是否属于对用户停电？　/055

95 何种情况下应合并录入一条停电事件？停电时间如何录入？　/056

96 有序用电期间进行预安排检修或施工作业，如何在系统内

录入停电事件? /056

97 输电线路断线搭接在 10 千伏配电线路上导致配电线路跳闸的情况,
    如何在系统中维护停电事件? /057

98 责任原因中的外力因素分类一般指哪些? /057

99 外部施工影响和外部电网故障的区别是什么? /057

100 两地共管线路停电,停电责任原因如何判定? /058

101 若为工程类车辆破坏,停电责任原因应维护为交通车辆破坏吗? /059

102 树障原因引起跳闸、供电企业组织或管理的工程施工导致故障
    停电按照什么责任原因统计? /060

103 因树的原因导致故障停电,责任原因如何界定? /060

104 自然灾害如何界定? /060

105 故障停电特殊案例举例。 /061

106 计划检修过程中,误操作产生故障或调整原计划停电范围及时长,
    停电事件应如何统计? /063

107 公变增容引起的停电应按什么责任原因统计? /064

108 线路配合停电时,停电事件应如何统计? /064

109 以节能减排、污染防治为目标的有序用电是否纳入可靠性统计范畴? /065

110 预安排停电特殊案例举例。 /065

111 因 A 线路计划工作或处理故障、缺陷、隐患,为减少其停电范围及
    所带用户停电时长,进行负荷转移,对 B 线路进行停电倒闸操作,
    B 线路停电事件责任原因应如何统计? /067

112 运行数据检查的范围是什么? /067

113 运行数据检查的原则是什么? /068

114 运行数据检查的主要方法有哪些? /068

115 关于事件录入的准确性,供电可靠性检查应该包含哪些内容? /069

第五章 数据分析

116 供电可靠性数据分析的作用和意义是什么？ /072

117 供电可靠性数据分析的目的是什么？ /072

118 供电可靠性数据分析流程是什么？ /073

119 供电可靠性分析的内容有哪些？ /073

120 供电可靠性指标对比分析的内容有哪些？ /074

121 供电可靠性故障停电分析的内容有哪些？ /075

122 供电可靠性预安排停电分析的内容有哪些？ /075

123 供电可靠性数据应用涉及配电网安全生产各个业务管理环节，
请按业务管理环节举例说明供电可靠性数据的应用范围。 /076

124 供电可靠性数据分析的方法有哪些？ /077

125 请根据某地市供电公司 2022 年和 2023 年故障主要指标图展开分析，
并对该地市供电公司 2024 年的电网建设提出合理化建议。 /078

126 请根据某地市供电公司 2022 年和 2023 年主要设备故障停电率
分布图展开分析，并对该地市 2024 年电网建设提出合理化建议。 /079

127 请根据某地市供电公司 2022 年和 2023 年配电网设施故障停电责任
原因分析图展开分析，并对该地市 2024 年电网建设提出合理化建议。 /080

128 请根据某地市供电公司 2023 年按停电责任原因分类对用户平均停电
时间影响图展开分析，并对该地市 2024 年电网建设提出合理化建议。 /082

129 请根据某地市供电公司 2022 年和 2023 年预安排停电主要指标图
展开分析，并对该地市 2024 年电网建设提出合理化建议。 /083

130 请根据某地市供电公司 2022 年和 2023 年预安排停电原因分析图
展开分析，并对该地市 2024 年电网建设提出合理化建议。 /084

第六章 管理提升

131 供电可靠性指标是否越高越好？它与经济性的两者如何平衡？ /088

132 供电可靠性目标制定的依据是什么？ /088

133 作为供电可靠性管理人员，如何制定供电可靠性年度目标值？ /089

134 供电可靠性目标管理过程中，采用何种方法对目标进行分解？
分解步骤是什么？ /090

135 如何推动供电可靠性年度预控目标实现？ /091

136 经统计，全国近几年预安排停电在停电事件中占比逐年降低，
如何降低预安排停电对供电可靠性的影响？ /092

137 供电可靠性提升中哪些是关键因素？ /093

138 电力系统有哪些环节影响供电可靠性水平提升？ /093

139 电网规划设计对供电可靠性提升有何作用？ /094

140 物资采购质量对供电可靠性有何影响？ /094

141 综合停电管理对供电可靠性提升有何作用？ /095

142 配电自动化应用对供电可靠性提升有何作用？ /095

143 不停电作业对供电可靠性提升有何作用？ /096

144 状态检修对供电可靠性提升有何作用？ /097

145 营销服务环节对供电可靠性有何影响？ /097

146 开展低压供电可靠性管理应具备什么条件？如何开展？ /098

第一章
政策法规

1 **什么是供电可靠性？什么是供电可靠性管理？**

答 供电可靠性指供电系统对用户持续供电的能力，即以用户供电状态为研究目标，在规定的时间内，评估或评价供电企业对用户供电的能力。

供电可靠性管理是指为实现向用户可靠供电的目标而开展的活动，包括配电系统和设备的可靠性管理。

2 **我国供电可靠性管理的指导性文件有哪些？**

答 （1）2022年6月1日，施行《电力可靠性管理办法（暂行）》（中华人民共和国国家发展和改革委员会令第50号）。

（2）2023年2月14日，发布《国家能源局关于加强电力可靠性管理工作的意见》（国能发安全规〔2023〕17号）。

（3）2023年8月31日，发布《国家能源局关于加强电力可靠性数据治理 深化可靠性数据应用发展的通知》（国能发安全〔2023〕58号）。

（4）2024年6月1日，施行《供电营业规则》（中华人民共和国国家发展和改革委员会令第14号）。

3 **供电可靠性的统计对象是什么?**

答 供电可靠性反映供电系统向用户持续供电的能力,因此供电可靠性的统计对象是用户,用户是统计评价中的最小计量单位。需要注意的是,不是以自然用户作为统计对象,而是以用户统计单位进行统计。按接入系统的电压等级,可分为35千伏以上高压用户、10(6、20)千伏中压用户和380伏/220伏低压用户。

4 **如何理解供电可靠性的统计范围?**

答 统计范围包括两部分,一部分是资产及管理都属于供电企业,或资产属于用户但由供电企业代管的范围;另一部分是产权属于用户,由用户自行运行、维护、管理供电设施的专用用户。

 5 **电力企业应当按照哪些要求开展本企业电力可靠性管理工作?**

答 电力企业是电力可靠性管理的重要责任主体,其法定代表人是电力可靠性管理第一责任人。电力企业按照下列要求开展本企业电力可靠性管理工作：

（1）贯彻执行国家有关电力可靠性管理的规定，制定本企业电力可靠性管理工作制度；

（2）建立科学的电力可靠性管理工作体系，落实电力可靠性管理相关岗位及职责；

（3）采集分析电力可靠性信息，准确、及时、完整报送电力可靠性信息；

（4）开展电力可靠性管理创新、成果应用、技术管理以及培训交流。

6　供电企业在供电可靠性管理中的责任有哪些？

答　（1）供电企业应当加强城乡配电网建设，合理设置变电站、配电变压器布点，合理选择配电网接线方式，保障供电能力。

（2）供电企业应当强化设备的监测和分析，加强巡视和维护，及时消除设备缺陷和隐患。

（3）供电企业应当开展综合停电和配电网故障快速抢修复电管

理，推广不停电作业和配电自动化等技术，减少停电时间、次数和影响范围。

7 供电企业在用户可靠性管理中的责任有哪些?

答 按规定为重要电力用户提供相应的供电电源，指导和督促重要用户安全使用自备应急电源。对重要电力用户较为集中的区域，供电企业应当科学合理规划和建设供电设施，及时满足重要用户用电需要，确保供电能力和供电质量。

8 电力企业应当向国家能源局报送哪些可靠性信息?

答 （1）发电设备可靠性信息，包括100兆瓦及以上容量火力发电机组、300兆瓦及以上容量核电机组常规岛、50兆瓦及以上容量水力发电机组的可靠性信息，总装机50兆瓦及以上容量风力发电场、10兆瓦及以上集中式太阳能发电站的可靠性信息。

（2）输变电设备可靠性信息，包括110（66）千伏及以上电压等级输变电设备可靠性信息。

（3）直流输电系统可靠性信息，包括 ±120千伏及以上电压等级直流输电系统可靠性信息。

（4）供电可靠性信息，包括35千伏及以下电压等级供电系统用户可靠性信息。

（5）其他电力可靠性信息。

9 电力可靠性信息报送应当符合哪些期限要求?

答 （1）每月8日前报送上月火力发电机组主要设备、核电机组、水力发电机组、输变电设备、直流输电系统以及供电系统用户可靠性信息。

（2）每季度首月12日前报送上一季度发电机组辅助设备、风力发电场和太阳能发电站的可靠性信息。

10 电力企业应在何时完成哪些类数据或文件的报送?

答 电力企业应当于每年2月15日前将上一年度电力可靠性管理和技术分析报告报送所在地国家能源局派出机构、省级政府能源管理部门和电力运行管理部门；中央电力企业总部于每年3月1日前将相关数据及文件报送国家能源局。

省级电网企业应当于每年1月将上一年度电力系统可靠性的评估和本年度的预测情况，报国家能源局派出机构、省级政府能源管理部门和电力运行管理部门；中央电网企业总部于每年2月报送国家能源局。

系统稳定破坏事件、非计划停运事件、停电事件的等级分类、信息报送内容和程序由国家能源局另行规定。

11 电力企业有哪些情形的，将由国家能源局及其派出机构根据《电力监管条例》第三十四条的规定予以处罚？

答 （1）拒绝或者阻碍国家能源局及其派出机构从事电力可靠性监管工作的人员依法履行监管职责的。

（2）提供虚假或者隐瞒重要事实的电力可靠性信息的。

（3）供电企业未按照《电力监管条例》规定定期披露其供电可靠性指标的。

12 供电企业基层可靠性管理专责日常收集的信息包括哪些?

答 （1）基础数据管理方面，收集的信息包括配电线路图、设备资产台账及参数、新设备的投入申请及线路、线段与用户异动（变更）记录等。

（2）运行数据管理方面，收集的信息包括生产工作计划、停电计划和停电公告、电网有序用电情况、调度运行记录、工单记录、变电运行检修记录、配电运行检修记录和故障抢修记录及分析报告等。

13 供电可靠性数据管理"三性"要求具体指什么?

答 （1）及时性。可靠性数据管理要求各种数据填写、上报、分析，必须按照有关规程、文件和可靠性各类统计办法的规定，在上级要求的时间内完成。

（2）准确性。准确性主要指停电事件的定性、事件的原因和责任分析正确，结论有可靠的依据，各种分类符合可靠性统计办法的规定，以及不存在漏报和虚报。

（3）完整性。可靠性数据管理要求各种数据、报告必须完整，必须保证各种可靠性数据不能缺项和漏项，特别是可靠性事件的分析编码必须正确齐全。

《中华人民共和国统计法》《电力监管条例》《电力可靠性管理办法（暂行）》《国家能源局关于加强电力可靠性管理工作的意见》明确规定数据造假行为需追究法律责任。

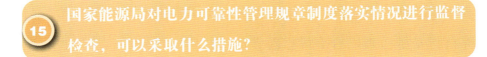

14 供电可靠性监督管理主要包括哪几方面？

答 供电可靠性监督管理主要包括政府监管及企业内部监督两个方面。

15 国家能源局对电力可靠性管理规章制度落实情况进行监督检查，可以采取什么措施？

答 进入电力企业进行检查并询问相关人员，要求其对检查事项作出说明；查阅、复制与检查事项有关的文件、资料和信息。

供电可靠性企业内部监督有哪些方式？分别包含哪些内容？

　　答　内部监督一般可采取上级单位督查、同级单位互查和单位内部自查三种方式或其中两三种方式的组合。

　　（1）上级单位督查是指上级单位为评价下级单位可靠性管理水平，对电力可靠性工作及数据质量进行的检查，如国家电网有限公司对其管辖范围内的省级电力公司或地市供电公司进行的检查。

　　（2）同级单位互查是指平级单位之间为了提高可靠性管理水平、交流工作经验以及配合上级单位等，对电力可靠性工作及数据质量进行的检查，如省级电力公司之间、地市供电公司之间的可靠性管理工作互查等。

　　（3）单位内部自查是指为提高自身可靠性管理水平，单位内部自行安排检查以解决可靠性管理工作中出现问题；另外，在迎接上级可靠性管理工作检查前，也会要求受检单位对本单位的可靠性工作及数据质量进行自行检查，如地市供电公司内部进行的可靠性管理工作自查。

17 供电可靠性检查的工作方式有哪些?

答 供电可靠性检查主要有会议访谈、资料审查、数据抽查、现场走访和远程核查五种工作方式。

（1）会议访谈：是指通过会议形式听取有关单位关于供电可靠性管理工作开展情况的汇报，进而了解所在单位的可靠性管理水平。

（2）资料审查：是指对受检单位提供的供电可靠性资料，从规范性、准确性和完整性等方面进行审查。如对某地市供电公司提供的电网接线图、工作票、操作票、设备台账和停电计划等基础资料进行检查。

（3）数据抽查：是指对受检单位供电可靠性基础数据和运行数据的及时性、准确性和完整性等方面进行审查，并检查与相关生产管理系统的对应性。如上级供电公司根据电网运行产生的原始资料，对某下级供电公司供电可靠性基础数据和运行数据进行审查。

（4）现场走访：是指通过到现场实地查看设备实际情况和运行、检修记录，或者是通过电话询问供电可靠性管理网络中有关人员，了解受检单位供电可靠性管理水平、基础数据和运行数据情况。如检查人员现场查看设备投退运情况以及相关设备的基础信息。

（5）远程核查。是指对现场数据核查工作的监督，对受检单位的指标比对、对受检单位远程数据开展核查。

18 简述供电可靠性目标管理的作用是什么。

答 （1）落实企业发展目标，保证可靠性目标实现。

（2）节约生产成本，提高工作效率。

（3）厘清管理层次，增强部门执行力。

（4）保证工作质量，提高安全生产管理水平。

第二章

规程概念

19　什么是停电时户数?

答　停电时户数是计算可靠性指标的一个中间量,是衡量停电影响程度的一个量化数值。对于单个用户来说,在一次停电事件中的停电时户数即该用户在本次停电事件中的停电时间(包括等效停电时间)。供电系统停电时户数为统计期间内所有用户停电时户数的总和。

20　什么是停电?

答　用户不能从供电系统获得所需电能的状态,包括与供电系统失去和未失去电的联系。

21　什么是故障停电?

答　供电系统无论何种原因未能按规定程序向调度提出申请,并在6小时(或按照供电合同要求的时间)前得到批准且通知主要用户的停电。

22 什么是预安排停电?

答　凡预先已做出安排，或在6小时（或按照供电合同要求的时间）前得到调度或相关运行部门批准并通知主要用户的停电。

23 供电系统设施的状态如何定义?

答　按其能否与运行中的电网相连，供电系统设施分为运行状态和停运状态。

（1）运行状态是指供电系统设施与电网相连接，并处于带电的状态。

（2）停运状态是指供电系统设施由于故障、缺陷或检修、维修、试验等，与电网断开而不带电的状态。停运状态又分为强迫停运和预安排停运。

24 什么是强迫停运状态?

答　由于配电网设施丧失预定的功能，要求立即或必须在6

小时（或按照供电合同要求的时间）以内退出运行的停运的不可用状态。

25 **什么是预安排停运状态？**

答 配电网设施事先有检修或施工等计划安排，或按规定程序提前6小时（或按照供电合同要求的时间）得到调度批准并通知主要用户的不可用状态。

26 **低、中、高压用户供电系统及其设施是如何划分的？**

答 （1）低压用户供电系统及其设施包括由公用配电变压器低压侧出线套管外引线开始至低压用户的计量收费点为止范围内所构成的供电网络及其连接的中间设施。

（2）中压用户供电系统及其设施包括由各变电站（发电厂）10（6、20）千伏出线母线侧隔离开关开始至公用配电变压器低压侧出线套管为止，以及10（6、20）千伏用户的电气设备与供电企业的管界点为止范围内所构成的供电网络及其连接的中间设施。

（3）高压用户供电系统及其设施包括由各变电站（发电厂）35千伏及以上电压出线母线侧隔离开关开始至35千伏及以上电压用户变电站与供电企业的管界点为止范围内所构成的供电网络及其连接的中间设施。

 27 预安排停电按停电性质可分为几种情况？每种情况是如何定义的？

答 根据《用户供电可靠性指标评价导则》（GB/T 43794—2024），预安排停电可按停电性质分为计划停电（PI）、临时停电（UI）和有序用电（OU）三类。

（1）计划停电：有正式计划安排的停电。

（2）临时停电：事先无正式计划安排，但在6小时（或按供电合同要求的时间）以前按规定程序经过批准并通知用户的停电。

（3）有序用电：在电力供应不足、突发事件等情况下，依法控制部分用电需求，确保供用电秩序平稳。

28 故障停电按停电性质可分为几种情况？分别是如何定义的？

答　按停电性质不同，故障停电可分为内部故障停电和外部故障停电两类。

（1）内部故障停电：凡属本企业管辖范围以内的电网或设施等故障引起的停电。

（2）外部故障停电：凡属本企业管辖范围以外的电网或设施等故障引起的停电。

29 计划停电按停电性质可分为几种情况？分别是如何定义的？

答　按停电性质不同，计划停电可分为检修停电、施工停电、用户申请停电和调电停电。

（1）检修停电：系统检查、维护、试验等检修工作引起的有计划安排的停电。

（2）施工停电：系统扩建、改造及迁移等施工引起的有计划安排的停电。

（3）用户申请停电：由用户提出申请并得到批准，且影响其他用户的停电。

（4）调电停电：由于调整电网运行方式而造成用户的停电。

30　临时停电按停电性质可分为几种情况？分别是如何定义的？

答　按停电性质不同，临时停电可分为临时检修停电、临时施工停电、用户临时申请停电和临时调电停电。

（1）临时检修停电：系统在运行中发现危及安全运行、必须处理的缺陷而临时安排的停电。

（2）临时施工停电：事先未安排计划而又必须尽早安排的施工停电。

（3）用户临时申请停电：事先未安排计划，由用户提出申请并得到批准，且影响其他用户的停电。

（4）临时调电停电：事先未安排计划，由于调整电网运行方式而造成用户的停电。

31 10（6、20）千伏配电网设施、10（6、20）千伏馈线系统及10（6、20）千伏母线系统的区别是什么?

答 10（6、20）千伏配电网设施是指由各变电站10千伏出线间隔的穿墙套管或电缆头连接处开始至公用配电变压器二次侧出线套管为止，以及10（6、20）千伏用户的电气设备与供电公司的管界点为止范围内所构成的供电网络及其连接的中间设施。

10（6、20）千伏馈线系统是指各10千伏出线间隔母线侧隔离开关至穿墙套管或电缆头连接处之间的10千伏设施。

10（6、20）千伏母线系统是指变电站内除10千伏出线间隔外的所有10千伏设施，主要包括10千伏母线和电容器、站用变压器、电压互感器、母线分段等间隔，以及与主变压器10千伏套管之间的中间连接设施。

32 供电系统用户供电可靠性统计主要指标有哪些?

答 主要指标共有4个，分别为用户平均停电时间、用户平均供电可靠率、用户平均停电频率和停电用户平均停电时间。

33 适用于用户供电可靠性评价的常用指标有哪些?

答 开展用户供电可靠性评价的常用指标共有21项,具体包括用户平均停电时间、用户平均供电可靠率、用户平均停电频率、停电用户平均停电时间、停电用户平均停电持续时间、停电用户平均停电频率、重复停电用户比率、长时间停电用户比率、单次长时间停电用户比率、用户平均停电缺供电量、平均系统等效停电时间、平均系统等效停电频率、平均停电用户数、日平均停电用户数、平均停电持续时间、重大事件日界限值、停电缺供电量、载容比系数、有序用电等效持续时间、总用户数、总用户容量。

34 什么是用户统计单位?

答 用户统计单位是供电可靠性统计的最小计量单位,包括低压、中压和高压用户统计单位。

(1)低压用户统计单位:接受供电企业计量收费的低压用电单位。

(2)中压用户统计单位:接收供电企业计量收费的中压用电单位。在低压用户供电可靠性统计工作普及之前,以10(6、20)千伏供电系统中的公用配电变压器作为用户统计单位，即一台公用配电变压器作为一个中压用户统计单位。

（3）高压用户统计单位：接受供电企业计量收费的高压用电单位受电降压变电站。

35 **专用用户数量统计原则是什么？**

答 按照电能计量收费点区分专用用户数量，但对仅为区分费率而设立的计量点不单独统计。在低压侧计量收费的专用变压器（简称"专变"）用户，按其对应变压器台数确定用户数量。

36 **外部影响停电是指用户停电责任原因分类中哪些原因造成的停电？**

答 外部影响停电（external influence interruption，EII），是指非供电企业原因造成的用户停电，一般可包括外部电网施工停电、市政工程建设施工停电、用户申请停电、外力因素停电、自然因素停电、用户影响停电等情况。

37 什么是持续停电和短时停电？

答 持续停电是指持续时间大于5分钟的停电，短时停电是指持续时间不大于5分钟的停电。

38 用户设备和用户设施有何区别？

答 用户设备和用户设施是不同的概念。用户设备主要指用户专变及相关设施，以资产为标准，资产属于用户。用户设施是指固定资产属于用户，并由用户自行运行、维护、管理的受电设施。资产属于用户且由用户自行运行维护管理的用户设施产生的停电，才算作用户影响或用户申请。

39 什么是重大停电事件？

答 指年度内超出供电系统及其设施合理设计、运行限制或管控阈值的停电事件。一般可由地市级（或直辖市）及以上供电企业结合实际情况，以地市级、区县级供电企业为单位，逐年差异化发布重大事件阈值或比例，包括预安排停电、故障停电两类。

 40 **什么是重大事件日？界限值如何计算？**

答　重大事件日是指故障停电造成的用户平均停电时间大于界限值的日期。判断重大事件日界限值应以地市级（含直辖市）或区县级供电企业为单位进行计算，每年更新一次。

重大事件日界限值 T_{MED} 的确定方法：

（1）选取最近三年每天的SAIDI-F值（跨日的停电计入停电当天）。

（2）剔除SAIDI-F值为零的日期，组成数据集合。

（3）计算数据集合中每个SAIDI-F值的自然对数 ln（SAIDI-F）。

（4）计算 α：SAIDI-F自然对数的算术平均值。

（5）计算 β：SAIDI-F自然对数的标准差。

（6）重大事件日界限值 T_{MED} 计算公式为：

$$T_{MED} = \exp\left(\alpha + 2.5\beta\right)$$

41 在指标计算中，总用户数如何统计？

答 在计算评价指标时，总用户数是应根据用户在统计期间的使用时间进行等效，计算公式如下：

$$总用户数 = \frac{\sum（每户 \times 统计期间的使用时间）}{统计期间时间}（户）$$

42 用户报停后数据如何计算？

答 用户报停后视为退出系统，停运后的基础数据和运行数据均不参与计算。

43 光伏接入的中压配电变压器如何区分专 / 公变性质？

答 根据资产属性判断，如果这些变压器属于供电企业，按照公用用户统计；如果企业自己运维管理，按照电能计量收费点统计为专用用户。

44 降低用户供电容量情况下停电用户和停电时间如何统计？

答 应计停电一次，停电用户数为受其影响的用户数，停电容量为减少的供电容量，停电时间按等效停电时间计算。

45 根据《供电系统供电可靠性评价规程实施细则》，供电可靠性数据上报的内容包括哪些？

答 （1）基础（注册、运行）数据。

（2）《供电系统供电可靠性评价规程 第2部分：高中压用户》（DL/T 836.2—2016）高压用户供电可靠性指标统计表、中压用户供电可靠性指标统计表，《供电系统供电可靠性评价规程 第3部分：低压用户》（DL/T 836.3—2016）低压用户供电可靠性主要指标汇总表。以上统计表中的填报单位为网、省电力公司，指标应包括计入重大事件日影响和剔除重大事件日影响两个口径。

（3）重大事件日所发生活动或事件分析报告。

（4）年度可靠性管理工作报告和电力可靠性技术报告。

46 供电可靠性统计中，用户地区特征指什么？

答 用户地区特征：指用户所在地区供电可靠性水平的城乡特征，一般可划分为市中心区、市区、镇区及乡村四类。根据统计用城乡划分代码以及地方经济社会发展、政府行政区划变化情况更新维护，原则上每年调整1次。

城区：在市辖区和不设区的市中，区、市政府驻地的实际建设连接到的居民委员会所辖区域和其他区域。城区包括市中心区和市区。

市中心区：城区内人口密集及行政、经济、商业、交通集中的地区。

市区：城区内除市中心区以外的其他地区。

镇区：在城区以外的县人民政府驻地和其他镇，政府驻地的实际建设连接到居民委员会和其他区域。

乡村：城区和镇区以外的区域。

47 跨越不同地区的线段如何判定地区特征？

答 对于跨越不同地区特征的线段，应以较多用户所处的地区为该线段的地区特征；若用户数相同，应以市中心区、市区、镇区、乡村用户为顺序确定该线段的地区特征。

48 用户何时纳入可靠性管理统计？

答 用户自投入系统运行之日起，即作为统计对象纳入可靠性统计。

49 预安排停电起始、终止时间以什么时间为准？

答 预安排停电的起始时间和终止时间选取操作票上操作开关开合的操作完成时间；如果没有操作票或者操作票上没体现该时间，则按照调度日志或操作指令簿等记录上的停送电时间进行选取。

50 故障停电起始、终止时间以什么时间为准？

答 （1）手工维护事件时，故障停电要根据故障记录选择开关动作时间确定停电起始时间；如没有开关动作时间记录，则参照调度自动化系统（SCADA）中电流值变化或用户最早报障时间填写，停电终结时间根据送电操作的操作票的操作完成时间或调度日志等记录上的送电时间进行选取。事故停电时，反复试拉合的情况下运行数据的时间可叠加或平移。

（2）对于采用自动采集方式生成的事件，可采用时钟正确的装置记录的停送电时间。同一事件、同一线段上未安装终端或者因终端异常未采集到用户停电事件的，用户停电起止时间可按照已采集到的相关用户停电起止时间确定，且存在用户停电时间不一致时以停电时间最长的进行统计。

51　供电可靠性指标预测主要包括哪些内容？

答　主要包括基础数据预测、预安排停电指标预测和故障停电指标预测。

52　基础数据指标如何进行预测？

答　主要对线路和用户变化进行预测。对于公用用户，考虑市政工程和外部工程施工的影响，了解新建改造配电线路和公变台区的施工情况。对于专用户，考虑业扩工程引起得到的配电线路长度变化和专变用户数量和容量的变化情况，由于部分业扩工程计划不可预知，在预测时还应结合历史三年专变用户变化率对预测值进行修正。

53 预安排停电指标如何进行预测？

答　主要对停电范围和停电时间进行预测。由供电可靠性管理部门牵头，会同配电网规划、建设等部门，依据下年度主电网和配电网检修计划、工程安排、网架规模、综合计划、所辖用户情况等，统筹考虑带电、发电作业承载力及历史三年各月预安排停电工作（包括临时停电计划）同比变化，全面客观预测年度指标。

54 故障停电指标如何进行预测？

答　故障停电指标预测需要剔除重大事件日影响，依据历史三年配电网各月故障分布情况及故障停电责任原因占比，统筹考虑配电网故障防御能力提升、线路标准化配置、配电自动化应用水平及隐患治理成效等，科学预测持续压减故障停电。

55 哪些停电状态可不纳入供电可靠性统计范围？

答 （1）用户在一段时期内不带负荷时，如一些农用抽水专用变，农闲期间常将高压开关（跌落式熔断器）拉开作为备用；一些小厂过节或市场不好停止生产；用户性质为专用用户的，路灯专用变按照当地路灯投运时间范围内，不带负荷或其他零负荷情况，可以不计为停电状态；公用用户，如果确由用户提出申请，供电企业与用户签有停电协议，可以不计为停电状态，否则仍需计成停电。

（2）对于两台或多台变压器并列运行供电，在不影响用户供电的前提下为降低变压器损耗而停运其中某台变压器的情况，不应视为对用户停电。

（3）自动重合闸重合成功，或备用电源自动投入成功不应视为对用户停电；双电源用户只有一路停电时，不计入停电范围。

（4）因用户欠费、存在违法用电等行为，或按政府部门要求配合执法，以及为避免人身、财产损失，供电企业依法依规进行的停电可以不予统计。

（5）对于设施停运而未造成供电系统对用户停止供电，且未降低用户供电容量的情况，不予统计。

（6）持续时间在1分钟之内的停电可不予统计。

56 供电可靠性基础数据中用户有哪几个分类?

答　根据资产归属及供电方式，用户可分为公用用户、专用用户、专线用户和双电源用户四类。公用用户是指设备资产属于供电企业的用户。专用用户是指设备资产属于用电企业的用户。专线用户是指由专用线路直供的专用用户。双电源用户是指能从供电系统获得2路及以上电源同时供电，或1路电源供电，其余电源作备用的用户。

57 供电可靠性基础数据记录时，引入了四种时间点（投运日期、注册日期、注销日期和退役日期），请简述它们是如何定义的。

答　（1）投运日期指电力设备或用户接入电力系统的最初日期。

（2）注册日期采用线段和用户投运日期或变更完成日期的后一天。当线路和用户在投运后未发生变更时，对应注册线段和用户的注册日期与投运日期相同；当线路和用户发生变更时，对应注册线段和用户的注册日期为变更完成日期的后一天。

（3）注销日期采用线段和用户变更的日期。当线路和用户在投运后未发生变更时，对应注册线段和用户的注销日期一般为空；当线路和用户发生变更时，对应注册线段和用户的注销日期为变更完成日期。

（4）退役日期指电力设备或用户从电网停运拆除的日期。

58 基础数据的投运日期和注册日期的区别是什么？

答　投运日期为资产实际投入电网运行的日期，此数据不参与系统计算；注册日期为资产实际投入电网运行的日期或发生变更的日期顺延1天，此数据参与信息系统计算。

59 基础数据的注销日期和退役日期的区别是什么？

答　退役日期为资产实际退出电网运行的日期，此数据不参与系统计算；注销日期为资产实际退出电网运行的日期或发生变更的日期，此数据参与信息系统计算。

60 什么是载容比？为什么要在可靠性系统用户基础数据属性中引入载容比？

答　载容比为平均负荷与变电容量之比，表明该线路或地区平均负荷与变压器的安装容量的关系。在可靠性系统用户基础数据属性中加入了载容比信息，主要是为了在统计计算中确定用户停电的电量损失。

61 供电可靠性基础数据管理中，中压线路分段原则是什么？

答　线路按其从属关系一般分为干线和支线两级。中压线路的分段原则是线路从出线断路器开始，遇到开关设备就分段，前一段线路的终点就是后一段线路的起点，首尾相接。如果线路的分段开关设备数较多，可以根据需要将相邻的两段算作一个线段。对于内部有开关设备的配电所、开关站、环网柜和电缆分支箱，其内部开关设备也可作为分段依据。

（1）主干线第一线段的确认：从变电站出线断路器开始，到主干线下一个开关设备为止（不包括该开关设备）。

（2）分支线第一段线段的确认：一条分支线如果在主线T接杆

上有开关设备，该分支线可划作独立的线段；如果在主线T接杆上没有开关设备，则可以把该分支上从主线T接杆开始直到下一个开关设备为止的这一段线段划归到主线上，不必独立成段。

62 **在中压系统基础数据管理中，中压注册线段的编码规则是什么？**

答 中压线段编码要求唯一，同一编码不能同时注册使用，对于已经退出的线段，其编码可重新注册使用。中压注册线段编码总长度为14位，最小长度为7位，由3段组成。

第1段：1～4位，为变电站的名称，数字为4位，汉字则为2个（如果变电站的汉字名称超过2个字，则必须缩减为2个字）。

第2段：5～7位，为线路的编号，此3位编码只能是数字，一般采用线路的调度编号。若调度编号是3位数字可以直接采用；若调度编号是由1位汉字、2位数字组成，则应将汉字用数字0代替。

第3段：8～14位，为自由编号。根据本省的编码规则编制，本省无同一编码规范的自行编写。

如果线段编码前4位相同，则属于一个变电站；如果前7位相同，则同属一条线路。

1	2	3	4	5	6	7	8	9	10	11	12	13	14

4位变电站名称   3位线路编号   最长7位自由编号

63 在中压系统基础数据管理中，中压注册用户的编码规则是什么？

答 中压用户编码要求唯一，同一编码不能同时注册使用，对于已经退出的用户，其编码可重新注册使用。用户编码为自由编码，建议采用20位编码格式。

（1）1~4位为变电站的名称，数字为4位，汉字则为2个（如果变电站的汉字名称超过2个字，则必须缩减为2个字）。

（2）5~7位为线路的编号，此3位编码只能是数字，一般采用线路的调度编号。若调度编号是3位数字可以直接采用；若调度编号是由1位汉字、2位数字组成，则应将汉字用数字0代替。中压用户的前7位编码与中压线段的前7位编码一致。

（3）8~20位为用户自行编写。

1	2	3	4	5	6	7	8	9	10	11	12	13	14	15	16	17	18	19	20

4位变电站名称   3位线路编号   13位自由编号

64 中压用户基础数据维护包括哪些内容?

答　中压用户数据维护主要包括线路新增、线路变更、线路退运、单位资产管理范围变动、用户新增、用户变更、用户退役等内容。

65 高压用户基础数据的维护内容有哪些?

答　高压用户基础数据维护的工作主要有用户新增、用户变更与增容、用户退役（销户）以及单位资产管理范围变动等内容。

（1）用户变更与增容。当用户发生变更与增容时，收集整理用户变更后的基础数据信息，进行用户变更。

（2）单位资产管理范围变动。当线路或用户的资产管理单位发生变化时，收集整理资产划分的相关信息，明确更换单位的线路与用户范围、更换单位的时间与原因，对相应的线段和用户进行更换单位，并修改不准确的信息。

66 对于双电源用户，在中压用户基础数据注册时需填写双电源容量，请问双电源容量如何确定？

答 （1）当两路电源均满足用户全部负荷要求时，按用户实际容量填写。

（2）当用户的一路电源满足用户全部负荷要求，另一路电源由于用户原因不能满足该用户全部负荷要求时，只要供电线路的供电能力能够满足用户全部负荷要求，该用户即视为双电源用户，双电源容量按用户全部容量填写。

67 在中压用户基础数据维护时，应如何维护新增线路？

答 当发生线路投运、扩建时，按照线路分段原则将新增线路分段并编码，收集整理对应线段的相关信息，维护用户供电可靠性注册线段数据。在线段注册后，在对应线段上进行用户注册。

68 在中压用户基础数据维护时，应如何维护发生变更的线路？

答 当线路或用户发生变更或因线路延伸、拆除导致单纯线路长度发生变化时，根据线路变更的相关资料，对发生变更的范围和变更后的新线段和用户信息进行收集整理后变更基础数据。将线段从原线路变更到新线路，并修改变更的线段及用户信息。若线路地区特征发生变动，则应变更相应线段。

69 什么是供电可靠性基础数据变更？

答 基础数据变更是指随线路或用户的变更（此变更指供电设备或用户设备的变化，如部分线路或用户由原线路供电改造为由另一条线路供电），对可靠性基础数据的一种对应的处理方式。通过变更，将原记录在变更时间点结束，从变更时间点产生新的记录，并在新的记录中体现变更后的设备与用户的信息属性。

除了将数据信息修正外，基础数据变更还会将可靠性基础数据原记录的注销日期定为供电设备与用户设备变更的日期，将变更产生新记录的注册日期改变为供电设备与用户设备变更完成的日期的后一天。

当使用变更对基础数据进行维护时，不会对变更时间点以前的历史统计结果产生影响。

70　什么是供电可靠性基础数据修改？

答　基础数据修改是针对线段或用户的可靠性基础数据异常采取的处理方式。使用修改时，不会产生基础数据新记录，但会影响当前时间段的可靠性基础数据，并可能对上次变更时间点到修改时间点内的历史统计结果产生影响。

71　什么是供电可靠性基础数据退役？

答　基础数据退役一般是指随线路或用户的停运，对可靠性基础数据的一种对应处理方式。退役将会填写基础数据的退役日期，不会对统计计算的历史结果产生影响。

72 什么是供电可靠性基础数据删除？

答 基础数据删除一般是指对错误的基础数据进行清除的处理方式，多数应用于刚录入的、无法修改的或重复的数据。对于存在时间较长的数据，使用删除时，将会影响上次变更时间点到删除时间点内的历史统计结果。

73 供电可靠性基础数据维护时，注册线段和注册用户有什么关联关系？

答 注册线段和注册用户之间有主从关系，其信息也相互影响，当线段基础数据发生变化时，如对线段进行"线段变更""线段拆分""线段退出""更换单位"操作时，该线段的用户自动跟进，用户编码不变，程序内部自动进行一次用户修改、退出和变更。

74 某家属院小区进行"三供一业"改造，于2023年6月15日对一户一表改造验收通过，中低压用户注册日期如何选取？

答　原中压用户为专变，其注销日期为2023年6月14日；新注册中压用户为公变，其注册日期为2023年6月15日。改造前无该小区低压用户台账，改造后低压用户注册日期为2023年6月15日。

75 开关站出线如何在系统内注册台账？

答　根据《供电系统供电可靠性评价规程实施细则》，中压出线断路器不包括开关站的出线断路器。对于开关站出线，可以单独注册线路，只是不选择出线断路器选项。

76 双电源用户如何在信息系统中维护基础台账？

答　对于分别接在两条（多条）线路上且互为备用的双电源用户，即使有两个或多个电能计量收费点，也应记为一个中压用户统计单位。在信息系统中，仅将该用户维护在正常运行方式时向其主要供电的线路下。

77 **光伏接入的用户如何维护基础台账?**

答　对于光伏接入的中压配电变压器，如果这些变压器属于供电企业，按照公用用户统计，一台配电变压器作为一个中压用户统计单位；如果属于企业自己运维管理，按照电能计量收费点统计为专用用户。

78 **专用线路和用户专变如何维护基础台账?**

答　专用线路和用户专变按照电能计量收费点区分，全线路为专用线路的，无论有多少台变压器，只以电能计量收费点区分专用用户数量，但对仅为区分费率而设立的计量点不单独统计。对于中压侧无计量收费点，而在低压侧计量收费的专变用户，则按其所对应变压器台数确定用户数量。

79 小区供电变压器如何维护基础台账?

答   小区供电变压器（包括专变住宅小区）低压侧有一户一表居民用户的，按照公用配电变压器统计，一台公用配电变压器作为一个中压用户统计单位。但小区专用配电变压器仅负责向楼道、电梯、供水设施、景观等小区公共设施供电的，仍按照专用用户统计。

80 基础数据检查的主要内容是什么?

答   （1）本企业所管理的统计范围内的配电设施以及新投运的设施。

（2）各单位全口径用户供电可靠性基础数据录入的及时性、完整性和准确性。

（3）单位属性和设施属性的名称和代码在一个统计单位内是否保证唯一性，并符合"信息系统"的规则要求。

（4）供电设施及用户的基本信息（如用户电压、容量、统计单位、属性以及是否双电源）的准确性与规范性。

（5）配电设施投运、变更、退出和退役等操作是否在规定期限内通过可靠性系统完成录入。

（6）数据变动情况的检查，重点检查新增线段、应该新增而未新增的线段、用户数据以及用户信息。

（7）异常情况的检查，重点检查是否有异常现象，如短时间内新增大量用户、突然退出大量用户等。

81 基础数据质量核查应遵循什么原则？

答 （1）基础数据与设施台账相符，设施台账与现场实际相符。

（2）基础数据参数与设施台账参数相符，设施台账参数与现场铭牌参数相符。

（3）基础数据的投退、变动与设施台账相符，设施台账的投退、变动与现场实际相符。

82 基础数据检查的主要方法有哪些？

答 （1）根据电网接线图核对供电可靠性统计范围。

（2）根据变电站一次主接线图和配电线路图等核对供电可靠性基础数据。

（3）根据设施台账核对供电设施可靠性基础数据的参数。

（4）根据现场设施铭牌参数核对供电可靠性基础数据的参数及设施台账。

（5）根据生产管理系统的数据核对供电可靠性基础数据的参数及设施台账。

第四章

运行数据

83 运行数据收集的主要来源有哪些？

答   运行数据录入前需要收集信息，信息来源包括生产工作计划、停电计划和停电公告、电网有序用电情况、调度运行记录、变电运行检修记录、配电运行检修记录和故障抢修记录及分析报告等。

84 在系统内，运行数据需要哪些信息？

答   维护信息主要包括责任部门、停电起始时间、停电终止时间、停电状态、停电设备、停电技术原因、停电责任原因、特殊分析、备注及停电范围等内容。其中，责任部门是指进行停电工作的主要责任部门或运行管理部门；停电起始时间和停电终止时间用来确定停电持续时间；停电状态用来确定当前事件的停电性质归类；停电设备、停电技术原因、停电责任原因、特殊分析和备注用来描述停电事件具体信息；停电范围用来确定停电用户数。

85 在供电可靠性运行数据中，停电设备可分为哪几种?

答 停电设备可分配电设备、输变电设备和发电设备三个类别。

（1）配电设备包括架空线路、电缆线路、柱上设备、户外配电变压器台、箱式配电站、土建配电站、开关站、环网柜、用户设备（包括临时用户设备）及设备不明共计10类。

（2）输变电设备包括10（6、20）千伏馈线设备、10（6、20）千伏母线设备、35千伏输变电设备、66千伏输变电设备、110千伏输变电设备、220千伏输变电设备、330千伏输变电设备及500千伏及以上输变电设备共计8类。

（3）发电设备是指上级电源系统的全部发电设施。

86 在供电可靠性运行数据维护过程中，选取停电设备时应注意哪些?

答 （1）停电设备按照直接故障设备（故障停电含6小时内的临停消缺）或是与故障点有最直接关联关系的设备进行选择，应选择到设备分类的最末一级。

（2）对于多个故障点或多种原因造成故障停电的，停电设备的选取首先按照故障点的电压等级判断，先后顺序为发电设备、35千伏及以上输变电设备、10千伏母线设备、10千伏馈线设备、10千伏配电设备。

（3）对于同一电压等级不同故障点或不同原因的，按照影响面最大或主要故障原因选择。如线路上出现倒杆塔和鸟巢故障，一般应选择杆塔故障。

（4）对于多个故障点之间有关联关系的故障现象，应按照直接故障点选择。如发生车挂导线、杆塔倒塌故障，停电设备应选择裸电线（或绝缘线），而不能选择杆塔。

 87 在运行数据维护时，停电责任原因是如何定义与分类的？

答 停电责任原因用来描述配电网停电的责任和缘由。停电责任原因可分为故障停电和预安排停电两大类。故障停电按照故障设施类别和停电原因进行分类，可分为配电网设施故障、输变电设施故障和发电设施故障三类。预安排停电按照停电的工作性质及设施类别进行分类，可分为检修停电、工程停电、用户申请停电、有序用电和调电五类。

88 运行数据维护时应注意哪些问题？

答 （1）运行数据录入时，若当前事件停电原因具有一定特殊性，如电网改造、洪水、台风及其他自然灾害等，则要填写特殊分析，并上报分析报告，报告应具有相关部门的盖章或领导签字。

（2）在运行数据项不能完全表达清楚停电事件的情况下，需要在备注中用文字进行说明。如架空线路发生铁丝搭线故障，责任原因为异物短路或接地，而备注中应注明铁丝搭线。

（3）填写外部停电和自然灾害、气候因素等责任原因和停电信息选项中有"其他"时，必须在备注中注明详细信息。

89 供电可靠性运行数据维护时，停电技术原因是如何判断的？

答 故障停电需要填写停电技术原因，预安排停电（除临时检修外）不需填写停电技术原因。如车撞电线杆造成杆斜导线断故障，停电设备应选择架空线路的杆塔，停电技术原因为倾斜。

（1）配电网设施故障按照直接造成故障停电（含6小时内的临停消缺）的技术原因选择。

（2）10千伏馈线系统及以上设施故障，技术原因应选择相应电压等级设施故障，如35千伏变压器故障造成的几条配电线停电，技术原因选择35千伏输变电设施故障。

90 在进行停电事件录入时，分步送电的情况下如何录入停电事件？

答　对单回路停电，分阶段处理逐步恢复送电时，作为1次中压停电运行事件录入，但停电持续时间按每个分段停电时间分步判定。整体事件的终止时间应按最后送电的时间为准。

91 在进行停电事件录入时，存在陪停线路时如何录入停电事件？

答　同杆并架线路、交叉跨越线路陪停的情况，线路检修、改造或故障抢修时，其同杆并架、交叉跨越线路或由于其他原因必须配合停电的（陪停线路本身没有工作），包括高压输电线路陪停造成相关下级中压配电线路停电的，必须在系统中录入。

92 运行数据选取责任原因时的总原则是什么?

答 按照作业或发生故障的或与故障有因果关系的供电企业管界点范围以内初始电网设备的停电责任进行选取。用户设施（用户资产且用户自行运维管理）导致其他用户停电的按用户申请、用户影响选择。

93 由用户申请开展的增容施工，该停电责任原因如何判断?

答 由用户申请开展的增容施工，属于业扩工程施工停电。对于公变增容，若为低压用户申请的增容，则属于业扩工程施工停电，若因重过载而进行的增容且未提及用户申请，则属于10（6、20）千伏配电网设施计划施工。

94 公用配电变压器缺相是否属于对用户停电?

答 公用配电变压器高压侧缺一相不算作对用户停电，缺两相按对用户停电处理。

95 何种情况下应合并录入一条停电事件？停电时间如何录入？

答　为准确计算与停电次数相关的指标（如MID–S、MID–F、MIC），由同一原因导致的多条线路停运，如同杆架设两条线路，一条线路检修或故障抢修，另一条线路陪停；或站内母线停运导致多条配电线路停运的情况，应合并录入为一条停电事件。

若各条线路的停电起止时间不同，合并录入事件时可以将线路停电时间段进行平移。总事件的停电起始时间为多条线路中最早的停电时间，总事件的停电终止时间为起始时间按照最长停电时间顺延后的时间。

96 有序用电期间进行预安排检修或施工作业，如何在系统内录入停电事件？

答　凡在有序用电时间内进行预安排检修或施工时，应按预安排检修或施工分类统计。当预安排检修或施工的时间小于有序用电时间，则检修或施工以外的时间作为有序用电统计。如10～18时有序用电，11～15时进行检修，应录入3条事件，10～11时有序用电，11～15时检修，15～18时有序用电。

97 输电线路断线搭接在 10 千伏配电线路上导致配电线路跳闸的情况，如何在系统中维护停电事件？

答 输电线路与10千伏配电线路直接发生接触引起配电线路跳闸，故障点位于配电线路，因此停电设备为配电架空线路中的导线。输电线路断线属于管辖范围内的原因，因此责任原因不属于异物短路或接地，而应归为运行维护。

98 责任原因中的外力因素分类一般指哪些？

答 外力因素包括交通车辆破坏、动物因素、盗窃、异物短路或接地、外部施工影响、植物因素、火烧山和其他外力因素。

99 外部施工影响和外部电网故障的区别是什么？

答 外部施工影响不同于外部电网故障，前者可理解为外力破坏导致本企业电网设备故障停电，后者可理解为受外部电网故障影响，导致本企业电网受累停运。

两地共管线路停电，停电责任原因如何判定？

答　停电责任判定见表1。

表 1　停电责任判定

停电事件	停电设备	技术原因	责任原因
A地市供电公司、B地市公司共管的35千伏线路检修，A没有工作，造成A配电线路停电	—	—	外部电网设施计划检修
同一地市供电公司下的A县供电公司、B县供电公司共管的35千伏线路检修，A没有工作，造成A配电线路停电	—	—	35千伏设施计划检修
A的某座单电源变电站电源线是B管辖，该电源线发现缺陷，B安排2天后处理，A的变电站10千伏配电线路全停	—	—	外部电网设施临时检修
A和B共管的110千伏线路架空入地，A管辖部分无工作，造成A配电线路停电	—	—	外部电网建设施工

续表

停电事件	停电设备	技术原因	责任原因
A和B共管的35千伏线路，故障点在B单位管辖区，A单位配电线路停电	35千伏输变电设施	35千伏输变电设施故障	外部电网输变电设施故障
A和B共管的10千伏线路，故障点在B单位管辖区，A单位配电线路停电	设备不明	其他	外部电网输变电设施故障
A某线路由B管辖的某变电站出线，馈线开关保护误动，线路全停	10（6、20）千伏馈线系统	10（6、20）千伏馈线系统故障	外部电网输变电设施故障

 若为工程类车辆破坏，停电责任原因应维护为交通车辆破坏吗？

　　答　不是。交通车辆破坏，未特殊说明为工程类车辆的，按交通车辆破坏统计；说明为施工过程中工程车辆破坏的，按照施工影响；非施工过程中的工程车辆原因，也按交通车辆破坏统计。

102 树障原因引起跳闸、供电企业组织或管理的工程施工导致故障停电按照什么责任原因统计？

答　树障原因引起跳闸停电、本企业组织或管理的工程施工导致供电设备或设施受到破坏而造成的故障停电，责任原因属于运维巡视不到位。

103 因树的原因导致故障停电，责任原因如何界定？

答　电力设施防护区外的树掉线上，属于异物短路或接地；在电力设施防护区内，发生树碰线（树线矛盾）、树或广告牌压导线事件，属于运维巡视不到位。

104 自然灾害如何界定？

答　自然灾害包括台风、地震、洪涝、龙卷风、泥石流、海啸和其他自然灾害。

105 故障停电特殊案例举例。

答　故障停电特殊案例见表2。

表 2　故障停电特殊案例

停电事件	停电设备	技术原因	责任原因
车撞杆，杆倒（断），导致导线断	杆塔	倒、断杆塔	交通车辆破坏
大风大雨，杆斜（倒、断）（导线断）	杆塔	倾斜倒、断杆塔	大风大雨
车挂导线，杆倒，导线断	裸导线（绝缘线）	断线	交通车辆破坏
车碰线，设施无异常	裸导线（绝缘线）	短路	交通车辆破坏
大风，树枝掉线上	裸导线（绝缘线）	短路	异物短路或接地
树碰线（树线矛盾）	裸导线（绝缘线）	短路	运维巡视不到位
树倒/断，导线压断	裸导线（绝缘线）	断线	植物因素
电力设施保护区内的树倒/断，导线压断	裸导线（绝缘线）	断线	运维巡视不到位

续表

停电事件	停电设备	技术原因	责任原因
吊车碰线，导线断股（断线）	裸导线（绝缘线）	断股（断线）	外部施工影响
赶往施工途中吊车碰线，导线断股	裸导线（绝缘线）	断股（断线）	交通车辆破坏
盗窃导线	裸导线（绝缘线）	断线	盗窃
线上有异物（锡箔纸、风筝、树枝、铁丝、塑料薄膜等）	裸导线（绝缘线）	短路	异物短路或接地
大风导线混线（导线舞动）	裸导线（绝缘线）	线间距不足	大风大雨
线下放花（喷彩带）	裸导线（绝缘线）	短路	其他外力因素
大风大雨恶劣天气下故障查无原因	设备不明	其他	大风大雨
市政建设施工刨缆	电缆本体	断线	外部施工影响
用户自行维护电缆被刨断引起线路停电	用户设备	断线	用户影响
用户设备故障，分界开关拒动导致其他用户停电	（柱上）断路器	拒、误动	根据拒动原因选择（设备原因、运行维护）

续表

停电事件	停电设备	技术原因	责任原因
用户设备故障，用户资产的分界开关拒动导致其他用户停电	用户设备	拒、误动	用户影响
用户资产的低压线路故障，导致其他中压用户停电	用户设备	其他	用户影响
用户委托电力公司对其低压设施进行检修维护，误碰 10 千伏公线，线路短路，导致其他用户停电	裸导线（绝缘线）	短路	运维巡视不到位

 106 计划检修过程中，误操作产生故障或调整原计划停电范围及时长，停电事件应如何统计？

答 计划检修过程中，误操作产生故障或调整原计划停电范围及时长，停电事件统计方式分为以下几种。

（1）未延后送电且未扩大停电范围：按正常计划检修事件维护。

（2）未延后送电但扩大停电范围：按实际送电时间及计划停

电范围维护 1 条计划检修事件，按故障发生时间至实际送电时间维护 1 条故障事件，故障停电用户为扩大的停电范围内的用户，故障事件责任原因为运行维护。

（3）延后送电但停电范围未扩大：按实际送电时间维护 1 条计划检修事件。

（4）延后送电且停电范围扩大：按实际送电时间及计划停电范围维护 1 条计划检修事件，按故障或调整停电范围发生的时间至实际送电时间维护 1 条故障事件，故障事件责任原因为运行维护。

107 公变增容引起的停电应按什么责任原因统计？

答 用户申请进行专变或公变增容的，按业扩工程施工停电统计；未提及用户申请的公变增容，按 10（6、20）千伏配电网设施计划施工统计。

108 线路配合停电时，停电事件应如何统计？

答 计划工作或寻找故障点或处理故障、缺陷、隐患，需要其他设备配合停运而导致用户停电的情况，应录入为同一个事件，停电性质、停电设备、技术原因、责任原因均按计划工作或故障点或缺陷、隐患所属设备的原因进行填报。处理故障时，为尽快给用户送电而通过转供或新架设线路等方式，而不得不使另一线路停电的，另一线路的事件应单独维护。

 109 以节能减排、污染防治为目标的有序用电是否纳入可靠性统计范畴？

答 以节能减排、污染防治为目标，对高耗能、高污染企业进行有序用电，一般都是政府部门发文要求，根据实施细则，运行数据可不做统计，但基础数据仍参与计算。

110 预安排停电特殊案例举例。

答 预安排停电特殊案例见表3。

表 3　预安排停电特殊案例

停电事件	停电性质	责任原因
某用户业扩报装，9天前提出申请停电，调度做周计划某线路停一部分	施工停电	10（6、20）千伏配电网设施计划施工
因用户申请公变增容	施工停电，临时施工停电	业扩工程施工停电
用户申请增容、用户申请报装	施工停电，临时施工停电	
某用户业扩增容，3天前提出申请，已通知重要用户	临时施工停电	
对低压线路进行计划检修，需要中压用户配合停电	检修停电	
用户自管低压设施进行检修作业，需要中压用户配合停电	用户申请	中压用户事件：低压作业影响
A地市供电公司、B地市供电公司共管的35千伏线路检修，A没有工作，造成A配电线路停电	检修停电	用户计划申请停电，用户临时申请检修停电
同一地市供电公司下的A县供电公司、B县供电公司共管的35千伏线路检修，A没有工作，造成A配电线路停电	检修停电	外部电网设施计划检修停电
A的某座单电源变电站35千伏电源线是B管辖，该电源线发现缺陷，B安排2天后处理，A的变电站10千伏配电线路全停	临时检修停电	35千伏设施临时检修

续表

停电事件	停电性质	责任原因
A和B共管的110千伏线路架空入地，A管辖部分无工作，造A成配电线路停电	施工停电	外部电网设施建设施工

111 因 A 线路计划工作或处理故障、缺陷、隐患，为减少其停电范围及所带用户停电时长，进行负荷转移，对 B 线路进行停电倒闸操作，B 线路停电事件责任原因应如何统计？

答　针对B线路发生的停电事件，若满足预安排条件则B事件为调电，不满足预安排条件则B事件按故障录入，故障的停电原因与A一致。

112 运行数据检查的范围是什么？

答　运行数据检查的范围包括纳入供电可靠性统计范围的所有运行事件，具体可分为以下两类。

（1）供电可靠性系统中录入的运行数据、技术改造及大修计划、基建里程碑计划、调度日志、变电站运行日志、检修试验记录、工作票、操作票、缺陷记录和断路器跳闸记录等可靠性管理原始资料。

（2）生产管理信息系统等相关信息系统中录入的生产运行信息。

113 运行数据检查的原则是什么？

答   运行数据检查的原则主要是满足可靠性要求，包括运行数据上报的及时性、准确性和完整性。基础资料和相关信息系统资料应一一对应，供电可靠性运行数据应能够反映生产运行实际情况。

114 运行数据检查的主要方法有哪些？

答   （1）对照有关运行日志、工作票、操作票、配电网故障异常记录和停电公告等原始记录，检查系统中统计的运行事件是否有遗漏，停电时间和停电范围是否正确。

（2）检查停电公告、停电计划以及政府网站上的停电信息是否与现实停电事件——对应。

（3）根据配电网建设改造、业扩工程、技术改造和大修计划，明确工程项目实施情况和工程进度，对于其中涉及停电的项目，检查是否有相对应的停电事件。

（4）根据危急缺陷、严重缺陷记录和检修记录等检查是否有相对应的事故抢修单、工作票、操作票、停电记录及相应的停电事件。

（5）根据生产管理信息系统中的生产运行信息核对运行事件是否完整，是否——对应。

（6）根据变电检修试验、检修记录和工作票，检查10千伏馈线设施、10千伏母线及以上设施停电事件是否完整（包含专线用户停电事件）。

 115 关于事件录入的准确性，供电可靠性检查应该包含哪些内容？

答　（1）停运事件的分类及停电性质选择是否准确。

（2）停运事件的用户起始和终止时间填写是否与实际相符。

（3）停电范围的选择是否与实际相符，是否存在遗漏或多选。

（4）停电事件停电责任原因与技术原因的选择是否详细、准确。

第五章

数据分析

116 供电可靠性数据分析的作用和意义是什么?

答 供电可靠性数据分析是供电可靠性管理的重要工作之一,是供电可靠性数据应用的前提和基础。通过供电可靠性数据分析可以定位配电网网架或管理中的薄弱点,结合配电网的实际状况,有针对性地采取各种有效措施,应用至配电专业管理的各相关环节,以提高配电网的供电可靠性。

117 供电可靠性数据分析的目的是什么?

答 如何从大量的供电可靠性原始数据中挖掘出有用信息指导配电专业管理,是供电可靠性数据分析的重要任务。通过供电可靠性数据分析可以定位配电网网架或管理中的薄弱点,结合配电网的实际状况,有针对性地采取各种有效措施,应用至配电专业管理的各相关环节,以提高配电网的供电可靠性。定期对供电可靠性数据进行分析,对于改进配电专业管理及提高配电网供电可靠性具有重要意义。

118 供电可靠性数据分析流程是什么?

答 (1)可靠性归口管理部门对可靠性数据指标进行归纳、整理和汇总,深入分析供电可靠性数据反映出的问题及关键因素,提出可靠性管理工作改正措施,形成诊断分析报告。

(2)可靠性归口管理部门组织各业务管理部门进行会商,对得出的诊断分析结果结合现场工作实际进行深层次的分析,找出可靠性管理相关环节方面存在的问题,提出相关改进措施。

(3)各相关业务管理部门根据分析会商会议制订的改进措施,在后续业务管理工作中付诸实施,并将实施结果反馈至可靠性归口管理部门。

119 供电可靠性分析的内容有哪些?

答 (1)指标完成情况。包括基础数据、运行数据和主要关键指标完成情况。应重点分析的可靠性指标包括上级下达的可靠性目标完成情况、供电可靠率指标、用户平均停电时间指标、故障停电指标、预安排停电指标。

(2)影响指标的因素。如计划停电分析、故障停电分析、重复性停电情况分析、带电作业分析等，通过对责任原因的比较分析，找出供电可靠性指标的变动趋势，并对异常情况进行重点分析。

（3）管理工作及电网和设备的薄弱点分析。

（4）改进措施及其效果分析（包括上一次分析措施落实效果）。

120 供电可靠性指标对比分析的内容有哪些?

答 （1）将用户平均预安排停电时间与用户平均故障停电时间进行对比。

（2）预安排停电平均持续时间与故障停电平均持续时间进行分析。

（3）将用户平均故障停电频率与用户平均预安排停电频率进行对比。

（4）将预安排停电平均用户数与故障停电平均用户数进行对比。

（5）将故障停电时户数与预安排停电时户数进行对比。

（6）将架空线路故障停电率、电缆线路故障停电率、变压器故障停电率和断路器故障停电率进行对比。

121 供电可靠性故障停电分析的内容有哪些?

答　（1）对故障停电按照故障设施分类进行对比分析。

（2）对配电网设施故障按照停电的责任原因类别进行对比分析。

（3）对10千伏及以上输变电设施按照设计分类进行对比分析。

（4）单独对发电设施故障进行分析。

结合上述分析对故障停电影响较大的因素进行排序，总结对故障停电类的改进措施。

122 供电可靠性预安排停电分析的内容有哪些?

答　（1）对预安排停电按停电责任原因、对比检修停电、工程停电、用户申请、有序用电和调电。

（2）对检修停电类中计划检修与临时检修进行分析。

（3）对0.4千伏及以下配电网设施计划施工、10千伏配电网设施计划施工、变电站内10千伏设施计划施工、35（66、110）千伏设施计划施工、220千伏及以上电压等级设施计划施工、外部电网建设施工、业扩工程施工和市政工程建设施工进行对比分析。

（4）对用户原因进行单独分析。

（5）对有序用电进行分析。

（6）对调电进行单独分析。

结合上述分析，对预安排停电影响较大的因素进行排序，总结预安排停电的改进措施。

123 供电可靠性数据应用涉及配电网安全生产各个业务管理环节，请按业务管理环节举例说明供电可靠性数据的应用范围。

答　（1）规划（设计）部门可以将历年供电可靠性数据分析结论应用于电网规划、设计工作，可以避免出现因规划设计不周等原因造成的配电网可靠性水平下降，进一步完善配电网规划设计工作中的成本与效益分析，提高配电网供电可靠性水平。

（2）安监部门在开展配电网设备安全检查时，可以将供电可靠性数据分析结果应用于现场安全状况的监督检查，查找配电网存在的安全隐患及缺陷等问题，减少故障次数，提高安全可靠水平。

（3）生产运维部门可以将供电可靠性数据分析结果应用于技术改造、检修项目前期论证，也可应用于综合检修计划、停电计划管理、设备状态评价和缺陷管理。

（4）营销部门可以将供电可靠性数据分析结果应用于用户报装接电和设备管理，指导用户合理安排设备检修，督导用户制订落实整改措施。

（5）基建部门可以将供电可靠性数据分析结果应用于工程施工过程管理，提高新投运设备可靠性水平。

（6）物资部门可以充分运用供电可靠性数据分析结果，优选可靠性高、质量优良的设备，提高配电网装备水平。

（7）调度部门可以将可靠性数据分析结果应用于停电计划管理，优化电网运行方式。

124 供电可靠性数据分析的方法有哪些？

答 对供电可靠性数据进行分析时，一般采用纵向对比分析法、横向对比分析法以及类别比较分析法等。

（1）通过对近几年某些关键可靠性指标值的变化趋势和变化幅度进行分析比较，从中找出变化规律和薄弱环节，提出改进的意见和建议，调整今后的工作方向及工作方式，这种方法即为纵向对比分析法。

（2）通过对公司系统下属所有企业的同一指标值进行比较分析，找出某一企业可靠性管理水平在公司系统中所处的位置，这种方法即为横向对比分析法。

（3）对供电可靠性基础分析时，对故障停电的不同责任原因进行比较，找出对可靠性指标影响最大的几种停电种类，以确定专业管理工作改进的方向，这种方法即为类别比较分析法。

 125 请根据某地市供电公司 2022 年和 2023 年故障主要指标图展开分析，并对该地市供电公司 2024 年的电网建设提出合理化建议。

答   某地市供电公司 2022 年和 2023 年故障主要指标如图 1 所示。

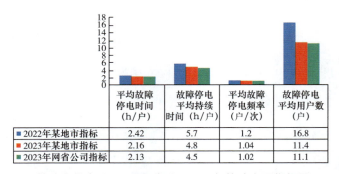

	平均故障停电时间（h/户）	故障停电平均持续时间（h/户）	平均故障停电频率（户/次）	故障停电平均用户数（户）
■ 2022年某地市指标	2.42	5.7	1.2	16.8
■ 2023年某地市指标	2.16	4.8	1.04	11.4
■ 2023年网省公司指标	2.13	4.5	1.02	11.1

图 1   某地市供电公司 2022 年和 2023 年故障主要指标图

通过纵向对比分析，该公司2023年故障停电类指标均比2022年同期有所下降，反映出公司故障停电管理工作比上年有明显进步。

通过横向对比分析，该公司故障停电平均用户数和故障停电平均持续时间在省电力公司系统排名落后，反映出该公司在配电网架结构水平、线路联络和分段数量、故障处理速度等方面落后于省电力公司系统其他单位。2024年，该公司应重点加强配电网络建设，增加线路联络和线路分段，加强故障抢修力量，提升故障处理速度，改善公司故障停电类指标。

126 请根据某地市供电公司 2022 年和 2023 年主要设备故障停电率分布图展开分析，并对该地市 2024 年电网建设提出合理化建议。

答 某地市供电公司2022年和2023年主要设备故障停电率分布如图2所示。

通过纵向对比分析，发现2023年断路器故障停电率较2022年同期上升50%，反映出断路器故障发生次数较2022年同期有明显上升，主要原因是2023年大量的新投柱上断路器缺乏运维。

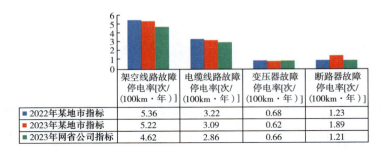

	架空线路故障 停电率[次/ (100km·年)]	电缆线路故障 停电率[次/ (100km·年)]	变压器故障 停电率[次/ (100km·年)]	断路器故障 停电率[次/ (100km·年)]
■ 2022年某地市指标	5.36	3.22	0.68	1.23
■ 2023年某地市指标	5.22	3.09	0.62	1.89
■ 2023年网省公司指标	4.62	2.86	0.66	1.21

图 2　某地市供电公司 2022 年和 2023 年主要设备故障停电率分布图

　　通过横向对比分析，发现架空线路故障停电率在省电力公司系统排名落后。2024 年，该公司应重点加强架空线路故障停电管理，从提高架空线路的绝缘化率、减少架空线路外力破坏以及提高架空线路运行检修状况等方面采取措施加以控制。同时，该公司应重点加强断路器故障停电管理，从加快老旧断路器改造、加强断路器运行维护力度及提高断路器检修质量等方面采取措施，减少断路器故障发生次数。

127　请根据某地市供电公司 2022 年和 2023 年配电网设施故障停电责任原因分析图展开分析，并对该地市 2024 年电网建设提出合理化建议。

　　答　某地市供电公司 2022 年和 2023 年故障停电责任原因分析如图 3 所示。

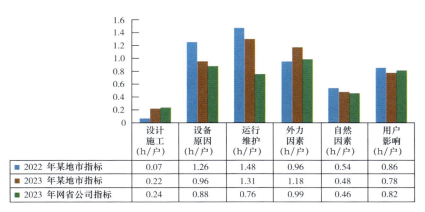

	设计 施工 (h/户)	设备 原因 (h/户)	运行 维护 (h/户)	外力 因素 (h/户)	自然 因素 (h/户)	用户 影响 (h/户)
■ 2022 年某地市指标	0.07	1.26	1.48	0.96	0.54	0.86
■ 2023 年某地市指标	0.22	0.96	1.31	1.18	0.48	0.78
■ 2023 年网省公司指标	0.24	0.88	0.76	0.99	0.46	0.82

图 3 某地市供电公司 2022 年和 2023 年配电网设施故障停电责任原因分析图

通过纵向对比分析，该公司 2023 年用户平均故障停电时间指标较 2022 年有明显提升，但外力因素引起的故障较 2022 年同期有所上升，应对外力因素造成的停电进行详细分析。经可靠性管理人员具体分析原因发现，由于外部施工影响和交通车辆破坏引起的故障较多。因此，该公司 2024 年应重点开展电力设施防外力破坏工作，在电力设施保护宣传、防外力损害制度、配电网外力损害危险源辨识、防外力破坏技术手段等方面采取措施，减少外力因素对供电可靠性指标的影响。

通过横向对比分析，该公司设备原因、运行维护、外力因素、自然因素对用户平均故障停电时间影响均大于省电力公司系统平均水平。说明该公司在配电网设备健康水平、配电网设备运行维护管理、配电网设备抵御自然灾害影响的能力方面均处于省电力公司系统较低水平。因此，该公司2024年应加强设备选型和采购环节管理，采用高质量的配电设备；应加强老旧配电设施改造力度，提升设备健康水平；应加强配电设施运行管理，提高配电网运行管理水平；应加大配电网建设改造工作资金投入，提升配电网装备水平，增强配电网抵御自然灾害的能力。

128 请根据某地市供电公司2023年按停电责任原因分类对用户平均停电时间影响图展开分析，并对该地市2024年电网建设提出合理化建议。

答　某地市供电公司2023年按停电责任原因分类对用户平均停电时间影响如图4所示。

通过综合分析可知，影响该公司用户平均故障停电时间的主要因素是运行维护和设备原因，次要因素是外力因素、用户影响和自然因素。因此，该公司2024年应重点加强配电网的日常运行维护工作，提高配电网技术装备水平；同时应兼顾用户用电设施管理，加强防外力破坏宣传。

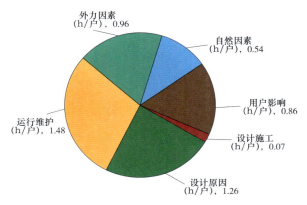

图 4 某地市供电公司 2023 年按停电责任原因分类对用户平均停电时间影响图

129 请根据某地市供电公司 2022 年和 2023 年预安排停电主要指标图展开分析，并对该地市 2024 年电网建设提出合理化建议。

答 某地市供电公司 2022 年和 2023 年预安排停电主要指标如图 5 所示。

通过纵向对比分析，发现该公司 2023 年用户平均预安排停电时间和预安排停电频率较 2022 年均有所上升。具体分析发现，配电网工程停电较 2022 年同期持平，2023 年预安排检修停电时户数较 2022 年同期上升 20.4%，预安排检修停电频率较 2022 年同期上升 22.56%，反映出该公司 2023 年检修停电次数和时户数明显增加。

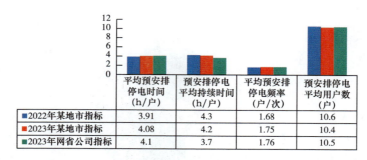

	平均预安排停电时间（h/户）	预安排停电平均持续时间（h/户）	平均预安排停电频率（户/次）	预安排停电平均用户数（户）
2022年某地市指标	3.91	4.3	1.68	10.6
2023年某地市指标	4.08	4.2	1.75	10.4
2023年网省公司指标	4.1	3.7	1.76	10.5

图 5　某地市供电公司 2022 年和 2023 年预安排停电主要指标图

通过横向对比分析，发现该公司预安排停电平均持续时间在省电力公司系统排名较落后。2024年，该公司应重点加强检修计划停电管理，从检修停电综合管理、优化检修停电方案、加强状态检测、合理安排检修和推广带电检修等方面加强管理，加强配电网络建设，减少预安排停电范围。同时，该公司应加强配电标准化作业时间管理，优化停电施工和停电检修方案，减少预安排停电平均持续时间。

130 请根据某地市供电公司 2022 年和 2023 年预安排停电原因分析图展开分析，并对该地市 2024 年电网建设提出合理化建议。

答　某地市供电公司2022年和2023年预安排停电原因分析如图6所示。

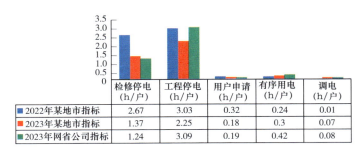

	检修停电 (h/户)	工程停电 (h/户)	用户申请 (h/户)	有序用电 (h/户)	调电 (h/户)
■ 2022年某地市指标	2.67	3.03	0.32	0.24	0.01
■ 2023年某地市指标	1.37	2.25	0.18	0.3	0.07
■ 2023年网省公司指标	1.24	3.09	0.19	0.42	0.08

图 6　某地市供电公司 2022 年和 2023 年预安排停电原因分析图

通过纵向对比分析，该公司2023年平均预安排停电时间指标较2022年有明显提升，但有序用电引起的用户平均预安排停电时间较2022年同期有所上升，应对有序用电造成停电的时间进行详细分析。经可靠性管理人员具体分析原因发现，有序用电造成停电的原因中主要是外部电源供应不足。因此，该公司2024年应通过上一级省电力公司向政府部门提出电力行业工作建议：增加发电企业发电能力，解决结构性缺电问题；限制高耗能企业发展，减少高耗能企业用电需求对电网的压力。同时，该公司应加强内部需求侧管理工作和有序用电管理工作，将有序用电对供电可靠性指标的影响降到最低。

通过横向对比分析，该公司工程停电、用户申请、有序用电和调电对平均预安排停电时间影响均小于省电力公司系统平均水平，但检修停电对用户平均预安排停电时间影响大于省电力公司系统平均水平；说明该公司2023年检修停电计划较多，检修停电计划安排合理性存在问题。因此，该公司2024年可探索开展以风险分析为基础的检修、以可靠性为中心的检修等设备检修模式，确保检修质量和效率，严防设备"带病运行"。

通过综合分析可知，影响该公司用户平均预安排停电时间的主要因素是工程停电和检修停电，次要因素是有序用电和用户申请。针对工程停电较多的现状进行细化分析，找出影响工程停电的主要因素，如架空线路入地、市政建设引起的线路迁移、线路负荷转接、配电设施新建和配电设施改造等。因此，该公司2024年应重点加强工程停电管理和检修停电管理，同时采取措施控制用户申请停电，降低预安排停电对供电可靠性指标的影响；针对工程停电的详细原因进行排序分析，对其中影响较大的工程停电原因制订相应的管理措施和技术措施，提高预安排停电管理水平。

第六章

管理提升

131 供电可靠性指标是否越高越好？它与经济性的两者如何平衡？

答 （1）供电可靠性是指供电系统持续供电的能力，供电可靠性不是越高越好。可靠性指标是按照区域内网架结构、设备质量及历年运行情况等相关数据测算出指标预控值，是基于目标管理的模式，要科学制定目标值，加强时户数刚性管控，因地制宜。

（2）可靠性指标要与经济发展水平相适应，结构网架优、设备质量高、经济发展水平高的户均停电时间预控值应相对较短；反之，户均停电时间预控值应相对较高。

（3）从规划上来看，应确定供电可靠性和投资费用的最佳组合，在给定投资额度的条件下选择供电可靠性最高的方案，在给定供电可靠性目标的条件下选择投资最小的方案。

132 供电可靠性目标制定的依据是什么？

答 供电企业可根据电网结构、设备的质量与寿命、综合管理水平、环境影响、负荷情况、历史指标水平、上级单位分解目标、可靠性预测等因素确定供电可靠性管理目标值。

133 作为供电可靠性管理人员，如何制定供电可靠性年度目标值？

答 按照逐级制定、层层分解的原则。

（1）自下而上逐级收集各级单位指标预测。尽可能全面地收集停电需求、主要工程任务情况、计划安排，综合网架情况、电网运行方式、不停电作业能力等预测计划停电造成的影响，考虑环境气候影响、设备基本情况、历史指标水平趋势，以及生产、营销等相关专业年度重点工作安排情况，对临时停电、用户申请停电、有序用电、故障停电等进行预测。

（2）组织开展多次停电预算评审。对停电计划安排不合理、不停电作业审查不到位、停电影响较大、与历史指标水平差距较大等的情况进行评审，下级单位进行核实、调整并重新报送，使指标预测趋于合理。

（3）通盘考虑电网总体发展目标，在下级单位报送指标预测基础上，结合城市经济发展定位、综合管理水平等，充分考虑下级单位的实际目标承受能力，确定本单位及下级单位可靠性指标目标值。

（4）依据可靠性总目标，制定分目标，可以将总目标逐级分解至每季度、每月甚至到每周。

134 供电可靠性目标管理过程中，采用何种方法对目标进行分解？分解步骤是什么？

答 一般采用倒推法进行分解，其步骤如下。

（1）根据供电可靠性指标目标值，结合实际用户数和统计周期，使用倒推法，计算出允许的累计停电时户数和停电户次。

（2）根据本单位允许的停电时户数和停电累计户次进行分解。

1）月度分解：即根据年度停电检修计划和故障预测，将指标值分解到具体月份。

2）管理单位分解：即根据各管理单位线路及设备数量、用户数量、技术装备水平、可靠性管理水平差异等，将单位指标值分解到各管理单位。

3）根据各单位具体管理模式，也可按供电所、变电站、配电线路等不同划分原则对供电可靠性指标值进行分解，分解方法同上。

（3）各单位在接受分解到的具体指标任务后，可根据实际计划工作以及非计划事件等因素的影响，按月制定（也可细化到周）指标完成量，真正做到指标预控管理，确保年度总目标的完成。

135 如何推动供电可靠性年度预控目标实现？

答 （1）对于可能影响目标完成的供电设施停电计划，生产单位在上报月度计划时，要审查重大停电事件施工及停电方案。对于重大停电事件，应同步上报施工及停电方案，调控部门与运维部门应对方案进行审核，必要时组织论证；调度单位要对停电计划进行整合和统筹平衡，整合停运需求时应做到主电网、基建停电与配电网协调。

（2）对于可能影响目标完成的供电设施临时停电，以及超出计划的临时停运，调控部门应按照相关规定区分类型，履行审批手续；生产运行单位要根据事件统计，对本月计划未执行、超限和重复停运事件进行分析，查找设备、管理等方面存在的问题与不足，重点针对指标预测偏差产生的原因、计划未执行情况、超限停运事件和重复停运事件进行分析，并在月度生产协调会中通报存在的问题，拟订改进对策。

（3）强化预算源头管控，严格指标过程管控，建立动态跟踪、定期分析、超期预警和分解审批等工作机制，强化停电计划执行情况预警和督办，确保预控目标实现。

136 经统计，全国近几年预安排停电在停电事件中占比逐年降低，如何降低预安排停电对供电可靠性的影响？

答　预安排停电主要受网架架构和综合计划停电管理两方面的影响比较大。

（1）随着配电网网架架构的不断加强，线路间分段数量、联络数量逐步增加，电网运行方式相对灵活，在预安排停电安排上，由原来的全线停电变为局部停电，停电范围不断缩小，导致预安排停电对供电可靠性的影响逐步降低。

（2）随着营商环境、政府等全社会对供电可靠性的要求越来越高，各单位在计划停电安排上，坚决落实"能转必转、能带不停、先算后停、一停多用"的原则，加强对停电计划的审核力度；同时在检修停电安排方面，将"定期检修"转变为"状态检修"，更多地通过带电作业方式完成消缺处理，减少预安排停电的安排。

（3）带电作业能力的不断提升，各种新的带电作业方式、带电作业装备和发电作业装备的应用，对减少预安排停电起到重要的作用。

137 供电可靠性提升中哪些是关键因素?

答 （1）网架结构。系统结构不同，运行方式及灵活性将表现出较大差异。当系统中一台设备进行检修或发生故障时，电源及电网结构的强弱可能就会造成不同的结果，对电力可靠性指标也将产生不同的影响。因此，在某种意义上一个地区的电源及电网结构决定了该地区电力系统的可靠性水平。可通过加强主电网网架的建设，改进配电网网架结构，开展配电网"网格化"规划等提升网架结构以提升可靠性。

（2）设备因素。设备的质量对可靠性指标影响较大。随着设备运行年限增加，设备强迫停运率也会增加，设备健康水平相对较差。应当高度重视设备的质量和寿命，通过增强配电网设备入网检测力度、开展设备全寿命周期效益分析等措施对设备进行管理。

（3）计划停电管控水平、配电自动化程度、带电作业能力等，也是影响供电可靠性提升的因素。

138 电力系统有哪些环节影响供电可靠性水平提升?

答 供电可靠性管理水平是供电企业综合管理能力和服

务能力的直接体现，规划设计、物资采购、建设施工、调度运行、运维检修和营销服务等环节直接影响供电可靠性水平。

139 电网规划设计对供电可靠性提升有何作用？

答　电网规划是提升供电可靠性的源头，合理的电网规划与设计会大大提升电网可靠性，供电可靠性也是衡量电网规划与设计是否合理的重要指标。在规划设计环节，提升供电可靠性的措施主要有加强主电网网架建设、改进配电网网架结构和开展配电网网格化管理等。

140 物资采购质量对供电可靠性有何影响？

答　设备质量是电网可靠运行的基础，对供电可靠性的影响至关重要。主电网一次设备存在问题往往会导致全站、全线停电等重大停电事故，给用户造成重大损失。配电网一次设备存在质量问题会导致整条配电线路停电。二次设备存在问题往往会导致开关设备误动、拒动等，使故障范围扩大，故障恢复时间延长。

141 **综合停电管理对供电可靠性提升有何作用？**

答　综合停电是在停电计划中，对相同停电范围的多项停电检修工作进行合并施工方案优化的停电管理，可以减少用户的停运次数和停运时间，降低施工和检修工作对供电可靠性的影响。实施综合停电管理，控制停电次数、范围和时长，已成为提升供电可靠性的重要手段。

142 **配电自动化应用对供电可靠性提升有何作用？**

答　在配电网正常运行时，配电自动化系统能实时监控运行电流，调度部门根据电流曲线均衡负荷分布，有利于减少负荷过高引起的电网故障，提升供电系统运行可靠性。在配电网故障情况下，配电自动化系统能在极短时间内对故障区间进行定位和隔离，对非故障区间恢复供电。配电自动化系统的故障定位功能可作为故障巡线的参考，有效减少故障巡线时间。

143 **不停电作业对供电可靠性提升有何作用?**

答 不停电作业遵循"能带不停"的原则,按照分级管理、分工负责,实行专业化管理,各级设备管理部(运维检修部)为不停电作业归口管理部门。

(1)配电线路、设备停电检修计划在编制阶段需开展不停电作业可行性审批,不停电作业人员提前开展现场勘察,并将具备不停电作业条件的停电计划转至不停电作业计划执行。凡是可以通过不停电作业开展的检修、工程及消缺工作,一律不安排停电作业。

(2)对于不具备不停电作业条件的计划工作,由设备管理单位对停电方案进行优化,压缩停电范围和时长,并利用不停电作业技术断开最近T接点或将待检修设备旁路引流,实现以最小停电时户数实施最大工程量的目标。

(3)加大不停电作业技术在配电网设备紧急消缺和抢修类工作中的应用,实现故障停电的快速复电,通过压减停电时间来提升供电可靠率。

144 状态检修对供电可靠性提升有何作用？

答 频繁地安排停电检修计划会产生大量的停电时户数，且由于检修范围广、工程量大等原因，检修过程中针对性不强，容易疏忽遗漏故障隐患，这样的传统检修模式对提升电网供电可靠性的作用微乎其微。而实施状态检修后，设备运行管理明显加强，检修针对性和有效性大幅提高，一旦发现故障隐患便可及时处理，将可能发生的故障扼杀在萌芽阶段，各类可靠性指标明显改善，有力保障了电网安全运行，促进了生产精益化管理水平的显著提升。

145 营销服务环节对供电可靠性有何影响？

答 对用户安全可靠供电是供电企业优质服务的重要内容。供电企业应加强客户设备用电管理，减少因用户设备故障造成的越级跳闸等故障现象。具体来说，主要体现在新增用户业扩接入、现有用户用电检查等方面：新增业扩工程对可靠性的影响主要体现在供电方案、业扩工程施工停电、施工质量、用户设备质量及竣工验收质量等多方面，重点是避免设备带病入网；现有用户检查对可靠性的影响主要是用户设备故障及越级跳闸等，重点是加强用电检查，督促用户整改安全隐患，推进用户分界开关加装。

146 **开展低压供电可靠性管理应具备什么条件？如何开展？**

答　开展低压用户供电可靠性的前提条件是实现中压用户供电可靠性管理，实现"站—线—变—户"营配数据贯通，具备一定的低压停电自动采集能力。具体开展方式包括以下几个方面。

（1）先试点，再推广。选择中压供电可靠性高、管理体系完善的大型城市先行试点，建立低压可靠性管理系统，制定完善低压供电可靠性评价规程和指标评价体系。积累经验后，再逐步进行推广。

（2）技术路线。基于"站—线—变"拓扑关系，探索"站—线—变—户"的拓扑模式，深化智能融合终端应用，完善低压计划停电、低压故障停电、低压停电自动采集等多种低压用户停电数据源的集成研判策略，提升低压运行数据的准确性和完整性。

（3）低压数据应用。探索低压用户供电可靠性指标在低压停电主动抢修、低压配电网薄弱点分析等方面的应用，提升低压配电网运行管理及用户优质服务水平。

（4）强化管理。完善低压用户供电可靠性管理体系，探索低压用户供电可靠性评价在低压配电网管理、电力营商环境评价、用户满意度测评等方面的实际应用，形成中低压用户供电可靠性统一管理模式。